●水稻机械化生产技术丛书

水稻密播乳苗机插栽培
技术图解

张玉屏　张义凯　向　镜　等　著

U0306493

中国农业科学技术出版社

图书在版编目（CIP）数据

水稻密播乳苗机插栽培技术图解／张玉屏等著.
北京：中国农业科学技术出版社，2024.7. -- ISBN
978-7-5116-6928-5

Ⅰ. S223.1-64

中国国家版本馆CIP数据核字第 20245PW932 号

责任编辑　崔改泵
责任校对　李向荣
责任印制　姜义伟　　王思文

出 版 者　中国农业科学技术出版社
　　　　　　北京市中关村南大街 12 号　　邮编：100081
电　　话　（010）82109194（编辑室）　　（010）82106624（发行部）
　　　　　　（010）82109709（读者服务部）
网　　址　https：// castp.caas.cn
经 销 者　各地新华书店
印 刷 者　北京地大彩印有限公司
开　　本　148 mm × 210 mm　　1/32
印　　张　2.125
字　　数　50 千字
版　　次　2024 年 7 月第 1 版　　2024 年 7 月第 1 次印刷
定　　价　20.00 元

《水稻密播乳苗机插栽培技术图解》
著者名单

主　著：张玉屏　张义凯　向　镜

副主著：陈惠哲　王亚梁　王志刚

著　者（按姓氏笔画排序）：

王亚梁　王志刚　王晶卿　毋　翔　龙瑞平

叶天承　冯天佑　邢春秋　朱丽芬　向　镜

孙凯旋　李　革　杨从党　怀　燕　张　鹏

张义凯　张玉屏　陈玉林　陈叶平　陈惠哲

徐一成　高义卓　唐承翰　董立强　熊家欢

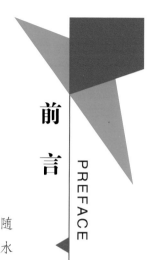

前言
PREFACE

　　水稻是我国主要的粮食作物之一，随着经济的快速发展，水稻产业转型升级，水稻生产集成化、智能化、作业机械化、资源高效利用和绿色优质高效的集成技术迫在眉睫。推进以机插秧为主的水稻机械化高产种植技术，对于促进水稻生产社会化服务，稳定我国水稻种植面积，提高水稻单产，保障粮食安全具有重要意义。

　　针对农村劳动力转移，劳动力成本提高和人口老龄化，以及农业经营主体变化，水稻生产方式向规模化生产、社会化服务发展，迫切需要机械化、标准化生产技术和模式，以增强农业科技服务能力。水稻育秧机插技术可以有效解放劳动力，提高水稻种植效率。但目前育秧机插模式存在育秧成本高、作业效率相对低等问题，主要是育秧材料费用、人工成本居高不下并呈不断增高的趋势，机插育秧盘占据空间大，插秧机单次带秧所插面积较小，需要来回田埂换秧，效率不够高，如何降低机插水稻育秧成本、提高机插效率成为当务之急。水稻密播乳苗机插技术是指在育苗阶段适当增加单盘播种量，培育高密度乳苗壮秧，提高单盘秧苗数量；插秧阶段通过小苗机插、调整机插取秧次数、改进取秧针、秧门等部件，减小取秧块面积，实现减少育秧盘的数量而不减秧苗总量，因此育秧用的床土、秧地面积得以减少，相关的育苗播种、秧块搬运工作量减轻，机插作业过程中的加苗耗时也缩短了，有明显省工节本的成效。达到了减少单位面积育秧空间、所需秧盘数量（示范区每亩6～15盘秧）、基质用量、搬盘成本及基质成本的效果，提高了育秧机插效率。

本书图文并茂地介绍了水稻密播乳苗机插的特点与优势、育秧技术要点、机插作业方式、配套栽培技术及常见问题等。该书内容兼顾理论性和实用性，深入浅出，叙述翔实，适宜广大稻农和基层农业技术推广人员学习使用，也可供农业院校相关专业师生阅读参考。

本书相关内容及图片由该技术研究及应用示范的相关单位——中国水稻研究所、云南省农业科学院、黑龙江省建三江管局浓江农场共同提供，感谢洋马农机（中国）有限公司、浙江理工大学等单位对本技术研发的支撑，感谢国家水稻产业体系技术研发中心、中国农业科学院创新团队、国家重点研发计划、水稻生物育种全国重点实验室对本书出版的大力支持。

由于我国水稻种植地域差异大，种植制度丰富，品种类型多样，种植方式各异，及著者知识所限，书中不足之处难免，请广大读者批评指正。

著　者

2024年5月

目 录

CONTENTS

第一章 密播乳苗机插特点及优势

一、技术简介

水稻密播乳苗机插技术是针对目前生产上水稻机插秧所需秧盘多，秧盘堆放需要空间大，所需育秧基质增加，机插成本高、效率低等制约机插秧面积进一步扩大的障碍因子，引进和创新日本水稻密苗机插技术，结合我国水稻生产实际，创新而成的一种降低水稻育秧成本、省工高效的机插育秧方法。其原理是在育秧时，采用适当提高播种量，减少单位面积本田育秧盘数量及育秧用的床土、秧地面积；配套叠盘暗室育苗技术，实现密播育壮苗；通过乳苗机插，缩短育秧进程，降低秧苗秧田期感病风险，利于返青、分蘖，明显节省育苗成本，降低机插运秧、换秧的劳动强度和人工投入，提高机插效率（图1-1、图1-2）。

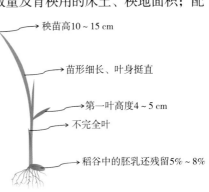

秧苗高10~15 cm

苗形细长、叶身挺直

第一叶高度4~5 cm

不完全叶

稻谷中的胚乳还残留5%~8%

图1-1　密苗标准苗长势

图1-2　常规苗与密播乳苗（云南芒市）

二、技术优势

1. 省秧盘

水稻机插育秧一般是采用盘育秧。水稻密播乳苗机插技术中密播是常规育苗2～3倍的播种量（图1-3），高密度播种的优势是单位面积所需育秧盘数量降为常规方式的1/3～1/2，育苗用的床土或基质同样只需要原来的1/3～1/2，因此，秧地准备、育苗盘、床土、基质等育苗材料费用大幅降低，且存放秧盘的空间大大缩小（图1-4）。

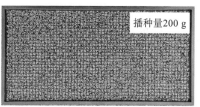

常规　　　　　　　　　　　　　　　密播

图1-3　常规与密播播种量比较

图1-4 秧盘存放空间

2. 省基质

要推广水稻机插秧，规模化集中育秧是首先要面对的问题。随着水稻机插秧的应用面积快速扩大以及土地流转速度的加快，传统的营养土育秧越来越难以满足要求，加上制备营养土需要采取肥沃的表层土，对土壤结构破坏明显，导致土壤肥力下降，大面积推广后传统营养土育秧的局限性日益突出。为解决传统育秧取土难、破坏植被等问题，缓解农村劳动力紧张，水稻机插采用基质育秧技术，能够显著提高秧苗素质，大幅提高壮秧比例，为大田的稳长快发及最终实现水稻的高产奠定良好基础。

水稻机插采用基质育秧技术，不仅流程简单，也解决了"土"的问题。一方面，传统营养土育秧靠的是农户个人技术和经验，很难标准化，一旦营养土培肥和配制达不到壮秧要求，就会造成秧苗瘦弱或秧苗"生病"。另一方面，采用外取营养土育秧的方式，劳动强度大、工序流程复杂，目前农村劳动力老龄化、短缺的现状，这种"土"办法已经很难持续。

基质育秧操作方便，省工节本，而且秧苗素质好，水稻长势好，移栽时秧苗植伤轻，活棵更快，为及早够苗提供基础。密播乳苗在基质育秧基础上，用盘量减少1/3～1/2，基质用量也随之减少，有效降低了育秧成本，起秧、搬运用工减少，减少了人工，并降低运秧劳动强度，弥补了农村劳动力的不足（图1-5），有利于

图1-5 水稻基质育秧

农业的可持续性发展，适宜大面积推广应用。密播小苗所需秧盘量减少，对应基质减少，节省了育秧成本。

3. 省劳力

高密度播种直接结果是亩用育秧盘数量降为常规方式的1/3左右（图1-6），育秧流水线播种作业时间缩减1/3左右，机插过程中的起秧、秧盘搬运、加秧等所需时间也相应减少，作业时间的减少提高了作业效率，亩用秧盘数减少，所需劳动力减少，也降低了劳动强度，节本增效明显（图1-7）。

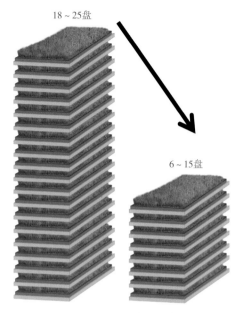

图1-6 密苗机插减少秧盘用量

图1-7 密苗机插秧苗

4. 省成本

密苗播种是常规育苗2～3倍的播种量，育苗用的床土仅为常规育苗的1/3左右，使用露地育秧地块面积也减少到原来的1/3，因此秧地准备、育苗盘、床土等育苗材料费用大幅降低，尤其是常规粳稻。在2020年试验中，粳稻（嘉58）、籼稻（中浙优1号）和籼粳杂交稻（甬优1540）节省成本25.3%、15.5%和5.6%（表1-1）。

表1-1 不同播种量处理间育插秧阶段成本比较

品种	播量（g/盘）	亩用秧盘数	种子成本（元/亩）	亩用秧盘成本（元/年）	基质成本（元/亩）	育插秧人工成本（元/亩）	成本合计（元/亩）
嘉58	330	5.9	19.5	6.3	10.0	30.4	66.2
嘉58	125	9.7	12.1	10.4	16.5	50.0	89.0
中浙优1号	250	5.6	70.0	6.1	9.5	29.8	115.4
中浙优1号	125	9.6	60.0	10.3	16.3	50.0	136.6
甬优1540	250	5.8	87.0	6.2	9.9	31.9	135.0
甬优1540	125	9.1	68.2	9.8	15.5	50.0	143.6

5. 本田分蘖率高

密苗插秧时盘根好，揭盘不伤根、不粘土。秧苗在2.0～2.5叶期移栽，秧苗根系小，活力强，植伤轻，抗寒能力强、移栽返青快，返青后利于低位蘖早生快发，有效提高单株有效分蘖数（图1-8）。

图1-8 密苗秧田根系调查

三、应用效果

密播乳苗机插技术在云南芒市应用的结果表明，播种量为160 g/盘的乳苗机插，每亩栽插6盘秧，每盘播种量比对照增加了90 g，每亩秧盘数比对照减少60%，产量比对照增加了9.0%（表1-2），节本增效的效果明显，成为机插水稻高效栽培的新方法；密播乳苗机插技术在黑龙江浓江农场应用结果表明，每盘播种量300 g，比对照增加了150 g，每亩栽插9盘秧，比对照减少50%，可减少1/2以上育秧面积，降低物料及人工投入成本，秧苗2.1～2.5叶期移栽，立枯病、青枯病等发病风险降低，可减少秧田防病1～2次，利于低位分蘖早生快发，小乳苗抗冷性强、缓苗快，密苗机插增产达3.6%。密播乳苗机插技术是一项节本增效新技术，值得推广应用，这项技术于2023年被评选为云南省农业主推技术。

表1-2 不同密苗机插水稻增产效果

区域	品种	播种量（g/盘）	用秧量（盘/亩）	有效穗（万/亩）	穗粒数（粒）	结实率（%）	千粒重（g）	产量（kg/亩）	增产（kg/亩）	增幅（%）
云南芒市	吉优716	70	15	9.8	238.9	84.7	28	554.1		
	吉优716	160	6	12.5	198.8	88.1	28	604.0	49.9	9.0
黑龙江浓江农场	龙粳31	150	18	25.3	83.5	93.0	26	592.1		
	龙粳31	300	9	30.1	78.2	92.1	26	613.2	21.1	3.6

四、效益分析

水稻密播乳苗机插技术在播种时，播种量较常规播种提高一倍及以上，但只需把秧苗培育成2.0~2.5叶的小苗，提早机插入本田。缩短育秧进程，节省育苗时间，亩用苗量为6~15盘，较常规育苗插秧用苗量降低1/3~1/2，有效减少单位面积育秧盘数，密苗机插作业效率明显高于常规机插。综合多个地点的研究，由于秧盘数量较少，相应地降低了运秧成本和劳动强度，密苗机插漏秧少、换秧次数少，机插效率每小时比常规机插多1.1亩左右（图1-9）。经核算，密苗育秧机插相对于常规育秧机插每亩可节约育秧成本23元左右，这对种粮大户来说经济效益十分显著。

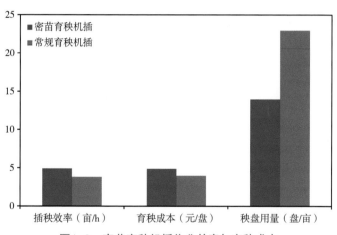

图1-9　密苗育秧机插作业效率与育秧成本

第二章 密播乳苗育秧技术要点

为提高水稻机插秧质量，提升种稻效率和效益，需要进一步掌握密播乳苗育秧的技术要点。其育秧技术装备及要点与常规机插基本相似，不同点主要在于播种密度、移栽秧龄及相应的管理技术。主要包括育秧土准备、育秧盘准备、种子处理、密苗播种、小苗壮秧等。

一、育秧土准备

育秧土可选择培肥调酸的旱地土或育秧基质育秧，旱地土育秧应选择中性偏酸、疏松通气性好、透水性（保水性）好、有机质含量高、无草籽、无病虫源的肥沃土壤。为防止立枯病等发生，需要做好土壤调酸、消毒；建议采用水稻机插专用育秧基质育秧，确保育秧安全，培育壮苗（图2-1）。

图2-1 水稻育秧基质

二、育秧盘准备

育秧盘沿用主流的30 cm行距插秧机所使用的硬盘，即可叠盘9寸育秧硬盘*，盘内侧长58 cm、宽28 cm。不仅广泛适应市场上各种精量播种流水线，还能满足自动叠盘机作业需求，更能满足叠盘暗化催芽需求，操作便利度大幅提升，1台精量播种流水线和叠盘机联合作业效率每小时可达800～1 000盘。研发了横向30次或26次的密播乳苗钵毯盘，每亩大田秧盘应准备15张备用（图2-2），育出的秧苗根系发达、盘根力好（图2-3、图2-4）。

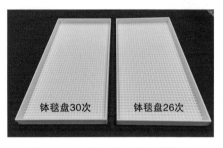

图2-2　水稻密苗机插钵毯秧盘

图2-3　水稻密苗机插钵毯秧苗
（30次）

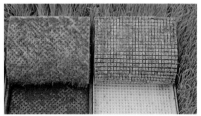

图2-4　水稻密苗机插钵毯秧苗
（26次）

三、种子处理

1. 晒种

一般来说，通过晒种可以平衡种子间含水量，增强种子的吸

---

* 本书的9寸盘其外缘宽度约为9寸，一般称为9寸秧盘或9寸盘。1寸≈3.33 cm。

水性；减少种子脱落酸等发芽抑制物的含量，提高酶的活性，打破种子休眠，促进发芽整齐，从而提高种子发芽率，同时通过户外紫外线的照射，能杀灭种子表面的病菌（图2-5）。晒种的方法是播种前选择晴天将谷薄薄地摊在晒场上，一般种子抢晴晒1~2个太阳日，晒时勤翻动，使种子干燥度一致，晒后进行选种并注意让种子凉透3 h以上，等种子散热后再浸种。注意避开中午阳光强烈的时段，不能把稻种摊在水泥地面和灰沙地上晒，以防晒伤种胚，影响发芽。在生产实际应用中，由于正规的水稻种子本身水分含量较为均匀，浸种过程中保证种子吸收足够的水分，按照高温破胸、适温催芽保证种子发芽的温度，合理换水、摊晾使氧气供应充足，就能保证种子正常发芽。

图2-5　种子晾晒

2. 选种

选种一般采用风选方法进行，风选是在晒种后扬去种子空壳、病粒、裂壳粒和杂质。主要目的是使种子浸种后破胸整齐、发芽快并且出苗一致，从而利于培育壮秧。

3. 浸种

（1）原理。浸种就是种子的吸水过程，种子吸水后，种子酶的活性开始上升，在酶活性作用下胚乳淀粉逐步溶解成糖，释放出供胚根、胚芽和胚轴所需要的养分。当稻种吸水达到一定谷重时，胚就开始萌动，出现破胸或露白。在一定温度范围内，温度越高，种子吸水越快，达到破胸或露白时间越短。

（2）种子消毒。经晒种、选种的种子，结合当地常发病虫害、种子带菌（包装袋提示）情况，根据主要的防治目标选用不同药剂进行种子消毒。可用10%浸种灵500倍液浸种48～60 h，可预防恶苗病，兼防干尖线虫病和稻瘟病等，处理后的种子可直接播种；用40%强氯精200倍液浸种。先将种子用清水浸泡12 h，再放入药液中浸泡12 h，然后用清水冲洗净，催芽播种，可预防细菌性条斑病、白叶枯病等；用75%噻唑膦乳油2 500倍液室温浸种48 h，用清水冲洗净后催芽、播种，可预防干尖线虫病、恶苗病等。

（3）浸种。浸种是播种前种子处理的关键环节。一般种子露白时的吸水量，为种子干重的30%左右，温度高时露白所需吸水量偏低，温度低时偏高（图2-6）。稻种吸水不足，种子萌发慢而不齐，发芽率低；浸种时间过长，也易影响发芽率及秧苗质量。水稻种子的吸水速度与温度密切相关，在低于30℃时，温度越高，吸水越快。稻种的吸水速度还与品种类型相关，粳稻吸水慢，籼稻吸水快。一般情况下，粳稻的浸种所需时间为48 h左右，杂交籼稻为24 h左右。若浸种时温度低，浸种时间要相对延长。

图2-6 破胸露白

四、密苗播种

1. 播种量确定

按照田间所需移栽基本苗数，确定不同千粒重种子用量，精确定量每盘（9寸秧盘）最佳播种量。千粒重小于23 g的品种，常规稻适宜的播种量小于180 g干谷/盘；千粒重大于26 g的品种，适宜的播种量在210 g以上；杂交稻播种量可减少1/3。

根据水稻种子千粒重和田间机插每穴所需基本苗数来确定每盘播种量。以连作早稻中嘉早17为例，首先确定每穴苗的基本苗数。假设3苗/穴，机插取秧时切块尺寸设定为横送量9 mm、纵向取苗量10 mm，切块的面积为90 mm²，因此在0.90 cm²秧块内必须要有3苗。采用9寸标准秧盘的面积为28 cm × 58 cm=1 624 cm²，每盘苗的最低需要3苗 × 1 624 cm² ÷ 0.90 cm²=5 413苗，如果采用种子的发芽率为85%，每盘苗的播种量需要5 413苗÷85%=6 368粒；中嘉早17千粒重26 g，那每盘需要166 g。实际上育秧时成苗率要低于发芽率，按照成苗率80%～90%，实际每盘播量需要增加到184～235 g。

2. 播种方式确定

播种方式根据当地的播种基础设施和种植面积大小来定，可采用以下两种方式。

（1）种植面积不大，播种盘数不多，可采用手工播种（图2-7）。播种时先将秧盘铺好，然后将营养土均匀地撒于秧盘上，最后在秧盘上洒水，使土壤湿润，采用没有用壮秧剂拌过的营养土盖种。具体步骤如下：①铺盘摆放。将每块秧板横排2行，按顺序铺平，秧盘要摆放整齐，相互之间要靠近。保证秧盘不变形。②秧盘铺土。为确保秧盘内的土铺得均匀一致，可以采取定量铺土的方法，铺土厚度一般为1.6～1.8 cm，用木尺或自制工具刮土，确保其表面平整。③土壤湿度调节。为保证出苗效果，秧板土壤需洒水，确保床土润湿。④播种。播种时一般采用发芽率90%的芽谷，若发芽率有变化，则相应的播量也应该做出调

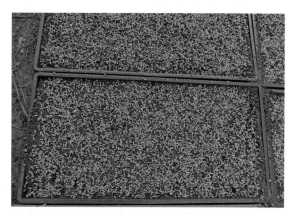

图2-7　手工播种（150 g/盘，单季稻）

整。⑤覆土。播种后在种子上覆盖0.5～0.7 cm厚的床土，要求将芽谷完全盖住。

（2）大面积种植，播种盘数较多时，采用流水线播种。播种前对播种流线进行检测和调试，检查铺土装置和压轮，确保秧盘底土（自制营养土或育秧基质）厚度为（1.8±0.2）cm，表面平整；调节喷洒水装置和水源，确保底土充分吸水（图2-8）；调节播种装置以精确控制播种量；调整覆土装置，覆土厚度为0.5～0.7 cm，确保种子全部被覆盖。

图2-8　流水线播种作业

五、小苗壮秧

1. 暗化出苗

将秧盘按照25～30盘在托盘上进行堆叠，最上面（顶部）放置一张无种子装土秧盘，每个托盘放150～180张秧盘。利用叉车将托盘转运至暗室进行催芽，暗室温度控制在32℃，湿度控制在90%，培养3天左右。待种芽立针（80%种子芽长0.5～1.0 cm）时（图2-9），将秧盘转运至大棚或秧田进行摆盘。

图2-9　暗室立针苗

2. 秧盘转运及摆盘

利用叉车进行秧盘短途转运，或用农用三轮车将秧盘从出苗室运送至大棚或秧田进行摆盘，大棚或秧田白天温度过高时应通风降温，晚上应做好保温措施，尤其是早稻（图2-10）。

图2-10　秧盘转运及摆盘

3.秧苗管理

单季稻摆盘后可以用无纺布覆盖保温保湿，防止鸟、鼠危害。根据苗势及气温变化，适时揭膜炼苗。1叶1心后，喷施1次多效唑控苗，一般以苗高15 cm为宜。水分管理为摆盘至2.0叶期左右，秧盘保持湿润，厢沟水保持与厢面齐平，灌水时以水不淹没秧盘为宜；2叶期后，控制灌水，以床土不发白，中午不卷叶为准，移栽前2~3天断水（图2-11），方便取送秧；育秧中后期根据秧苗长势可以适当喷施叶面肥，严格控制秧苗高度；秧田病虫害重点防治立枯病、青枯病、稻蓟马等。1叶1心至2叶1心喷施1次甲霜·噁霉灵、咪鲜胺、灭枯灵等药剂做好立枯病防治工作，移栽前1~2天喷施福戈、爱苗、吡虫啉等药剂预防稻瘟病、纹枯病及螟虫，做到带药移栽。

图2-11　田间水稻秧苗

4. 乳苗机插

播种后一般的育苗时间10～15天，比常规育苗缩短5天左右，移栽前的乳苗叶龄在2.0～2.5叶，苗高在10～15 cm。与常规机插的2.5～3.5叶的秧苗相比，密播乳苗的秧苗相对细小（图2-12）。

图2-12　乳苗机插水稻秧苗

第三章 密播乳苗机插作业

一、秧苗质量

1.品种选择

根据熟制、品种及安全齐穗期等，选择通过国家审定，适合不同稻区及季节种植的优质、高产、抗性好、抗倒、适于机插的水稻品种。同时密播乳苗机插技术对秧龄时间控制要求较高。单季稻生长季节充裕，品种选择与常规育秧机插无差异。但是双季稻区需要考虑早稻熟期与晚稻早栽的适期衔接，能确保晚稻安全齐穗。因此，早稻应选择生育期相对较短的品种。

2.密苗健壮标准

根系发达、茎部粗壮、苗高适宜、叶挺色绿、青秀无病、均匀整齐（图3-1）。根系短、粗、白、多，盘结牢固，提起不散，能卷可叠。密苗播种后一般的育苗时间在10～15天，比常规育苗缩短5天左右，移栽前的密苗叶龄在2.0～2.5叶，苗高在10～15 cm。

图3-1　乳苗壮秧

3.秧苗整齐度

　　密苗处理根系总量增加也导致秧块相对于普通播量处理要厚（表3-1，图3-2）。15天秧龄条件下，有3片叶的大苗占比都在80%以上，粳稻嘉58密苗中大苗比例偏少；3叶以下的小苗籼粳杂交稻甬优1540密苗处理比例偏小，未出苗率占比没有规律，可能与种子本身的质量有一定关系。密苗育秧大小苗质量相对于常规播种量没有明显差异。

表3-1　密苗下水稻秧苗整齐度

品种	播量（g/盘）	大苗（%）	小苗（%）	未出苗（%）	秧土高（cm）
嘉58	330.0	86.9	6.2	6.9	2.7
嘉58	125.0	95.9	1.5	2.6	2.4
甬优1540	250.0	85.9	3.1	11.0	2.8
甬优1540	125.0	81.4	6.8	11.8	2.5
中浙优1号	250.0	93.7	5.7	0.6	2.8
中浙优1号	125.0	90.8	2.8	6.4	2.7

图3-2　嘉58、甬优1540和中浙优1号密播水稻秧苗

4. 秧苗素质

由表3-2可知，用于试验的3个品种——嘉58、甬优1540和中浙优1号的密苗处理秧苗叶龄均低于普通播量秧苗，分别低18%、16%和27%。嘉58和甬优1540密苗处理苗高也低于普通播量处理，而籼型杂交稻中浙优1号密苗苗高高于普通播量处理，但差异不显著。最大根长、地上部和根系干重也呈现相同趋势。供试品种中中浙优1号苗高和最大根长两处理间差异最小，但是地上部干物重和根系干重两处理间差异最大，说明籼型杂交稻育秧播量对秧苗素质的影响较大。

表3-2　不同播量对秧苗素质的影响

品种	播量 （g/盘）	叶龄 （叶）	苗高 （cm）	最大根长 （cm）	地上干重 （g/百苗）	根系干重 （g/百苗）
嘉58	330	2.7	9.8	5.2	1.1	0.3
嘉58	125	3.3	11.1	7.0	1.8	0.7
甬优1540	250	2.5	11.8	5.2	1.1	0.4
甬优1540	125	3.0	13.3	6.2	2.0	0.6
中浙优1号	250	1.9	14.5	6.2	1.1	0.3
中浙优1号	125	2.6	14.0	6.6	2.2	0.6

二、整地

由于乳苗机插，移栽稻田需要平整，田间水分不宜太深。整地环节是该项技术的关键，大田旋耕整地的质量高低决定该项技术的使用效果。可采用旱平免搅浆及水稻本田标准化改造地块进行密苗机插作业。泡田根据移栽田块的状态适度灌水，搅浆作业水深1~2 cm，搅浆后8 cm耕层内无杂物，田块沉淀5~7天，田泥软硬以用手指划沟分开合拢为标准，过软易推苗，过硬行走阻力大（图3-3）。

图3-3　旋耕整地

三、机插

1.插秧机准备

使用水稻机插前，全面检查与试运转插秧机，如果施肥插秧一体化，要确保种植部和施肥部运转正常，明确所用机型在正常田间作业条件下的各刻度对应的施肥量。

2. 取样量调节

密播乳苗机插取秧的秧块面积小，一般普通高速插秧机需要经过改造才能适应密播乳苗机插，插秧机横向取秧次数设置26回或30回，纵向调节范围在5～10 mm，按照每穴基本苗要求调节纵向取秧量。目前试验示范的洋马农机（中国）有限公司生产的密苗插秧机与常规插秧机相比主要区别有：

（1）常规插秧机只有18、20、26三个挡位，横向送秧增加了挡位，有18、20、26、30四个挡位，横向送秧30次挡位与26次挡位相比，每次送秧的宽度减小约1.44 mm（表3-3）。

表3-3　密苗插秧机机插及取秧参数

	普通插秧机	密苗插秧机
横向送秧挡位	18、20、26	18、20、26、30
横向取秧	20～26次（11～14 mm）	30次（9 mm）
纵向取秧	34～42次（14 mm）	34～72次（8 mm）
秧门宽度	19 mm	15 mm
秧针间隙宽度	12 mm	9 mm

（2）秧门的宽度从常规插秧机的19 mm减为15 mm，秧针间隙宽度也从12 mm改为9 mm，相应的推秧杆头部尺寸也减小以适应变窄的秧针。秧门的宽度和秧针间隙宽度的变窄适应了更小横向送秧和纵向取苗量，实现了密苗的机插要求。

密播乳苗机插秧块较小，同时苗高较矮，插秧前应先检查调试机械，插秧深度宜调整为"浅"挡，保证秧苗不浮起即可，若插秧过深将影响分蘖。采用"花达水"插秧作业，保证2.0～2.5叶期密苗在插秧作业中不出现淹苗情况；结合插秧期外界温度适期插秧，插深1.5～2 cm（图3-4）。

图3-4　田间密苗机插后的秧苗

3. 乳苗机插

根据品种、天气、大田准备和密苗插秧机的配备情况，需及时完成乳苗移栽，否则小苗生长快，超秧龄会影响水稻栽后的生长发育。机插时，按照密苗标准每25 cm² 成苗139根，按每穴取苗4根计，25 cm² 秧块可取苗34.75次，即每次取苗面积为0.719 cm²。密苗插秧机横向送秧设定为30次，得出纵向取苗值为0.77 cm。实际可设定为8 mm挡，宽28 cm、长58 cm的标准秧块理论上可栽插2 175穴。如果亩栽8盘秧，可栽插1.74万穴，秧苗总数可达7.2万根。常规机插每盘播种100 g干种，要达到密苗8盘的总苗数，需要22.8盘的常规苗（图3-5、图3-6）。

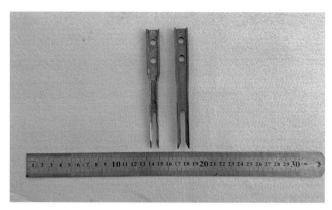

图3-5　密苗插秧机专用秧针（左，9 mm）

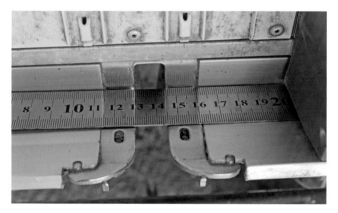

图3-6　密苗插秧机秧门（15 mm）

四、注意事项

（1）密苗机插每盘播种量比传统多，需要对稻种彻底消毒，以免爆发病害。

（2）种子催芽以破胸露白即可，长度以1～2 mm为宜，芽长度不要过长，以免种子相互缠绕降低播种精度和均匀度。

（3）由于播种量大，生长相对较弱，生产上须严格控制育秧的天数，长江中下游稻区12～15天，东北稻区20～25天；如果没有及时插秧，育秧天数超龄后，每盘秧苗需要增施尿素1～2 g。

（4）育秧期间注意及时防治病虫，需要增加农药的施用量，每盘喷洒的杀虫剂和杀菌剂的药量应该比传统育秧有所增加。

第四章 密播乳苗配套栽培技术

一、水分管理

乳苗机插水稻同常规机插水稻一样，不同生育阶段需水不一样，尤其是移栽期。

1. 移栽期

2～2.5叶"乳苗"环境适应能力要弱于常规"中苗"，插秧后要及时上护苗水，防止插秧后外界温度过低出现冻害。密苗插秧时株高在10～15 cm，比常规育秧株低2～3 cm，全田建立水层时要防止水淹苗。插秧时浅插有利于水稻活棵、返青和低位分蘖的发生，是提高水稻产量的一个重要环节。要达到浅插的目的，必须做足浅插的条件（图4-1）。第一，需要培育健壮的乳苗，这样的秧苗栽插时不易插深，若秧苗过大、过高，只有深插才能栽稳，尽量避免大苗移栽；第二，田平水浅，水浅也是检验田平的标准，如果田水过深，只能看到水面，不能检验田是否平整，移栽大田的水层一般在3～5 cm；第三，清水浅栽秧，当天做好的大田，第二天或第三天再栽秧，这样水层里的悬浮物质充分沉降，不会因为悬浮物导致水稻深插；第四，浅插，移栽时要求栽插深度为1.5～2.0 cm。

做好以上四项准备工作，秧苗才能实现浅插，促进乳苗分蘖的早生快发。

图4-1　乳苗机插水层管理

2. 返青期

水稻移栽后就进入活棵返青期，此期间稻田保持一定水层，对维持秧苗水分平衡，加速返青有良好的效果。水层能为秧苗的成活提供稳定的温湿度，减少秧苗的蒸腾作用。水稻返青期，如天气晴朗、蒸腾作用较强，需要灌3～5 cm的水层护苗；如天气阴雨，蒸腾作用较弱，秧苗对水分的需求不大，宜保持2～3 cm的浅水层（图4-2）。

图4-2　乳苗机插返青期水层管理

3. 有效分蘖期

水稻返青后就进入分蘖期，分蘖期分为有效分蘖期和无效分蘖期。有效分蘖是指分蘖在拔节前能形成独立的根系，从土壤吸取需要的养分，最后能成为穗子。反之，则称为无效分蘖。有效分蘖期需要采用干湿交替灌溉，使土壤的水分状况维持在饱和与浅水层间，利于分蘖的发生（图4-3）。

常规播种　　　　　　　　　　　　　　　叠盘密苗

图4-3　分蘖期水层管理

4. 无效分蘖期

水稻进入无效分蘖期，需要撤水晒田，降低土壤的含水量，控制分蘖的发生。因此，在有效分蘖临界叶龄期前一张叶片抽出时，要注意尽量不灌水，在该叶长到半张叶片长时开始撤水，够苗烤田，湿润壮秆。每丛分蘖达到预期穗数70%~80%（单季稻穗数15个左右），及时开沟排水搁田（图4-4）。

图4-4　开沟搁田控苗

排水烤田6～8天，根系下扎，植株变粗。此后采用间歇灌溉，灌水建立水层3～5天，湿润5～7天，直至孕穗。

5.幼穗分化期

幼穗分化期是水稻进入生殖生长阶段，光合作用和蒸腾作用较强，水稻需水量也最大，是水稻一生中生理需水临界期。加之，晒田复水后稻田的渗漏量有所增大，此期稻田需水量最多，一般占全生育期用水量的30%～40%。幼穗分化初期缺水受旱，会抑制枝梗与颖花原基分化，使每穗着生颖花减少；幼穗分化中期缺水受旱，会使内外颖、雌雄蕊发育不良，尤其是在花粉母细胞减数分裂期缺水受旱，则严重影响性器官发育，使不孕颖花和退化颖花大量增加。稻穗形成过程中，无论是从生理需水还是生态需水，均需要稻田中有水层，建议保持3～5 cm的浅水层，以满足水稻稻穗的形成，确保高产的实现。

6.抽穗扬花期

水稻抽穗开花期对缺水的敏感度仅次于幼穗分化期。受旱时，重则使水稻不能抽穗，轻则影响花粉和柱头的活力，影响颖花的授粉，增加空秕率。所以，在这段时间，稻田需要保持浅水层灌溉。开花期间，稻田保持3~5 cm的浅水层，水稻的光合强度比湿润的高12.0%~30.0%。此期稻田保持水层，可明显降低群体内温度，减轻高温危害。

7. 灌浆结实期

水稻灌浆结实期是籽粒充实、籽粒饱满度和米质形成的阶段，受水分影响较大。在整个水稻灌浆结实期，宜采用干湿交替灌溉，灌一次跑马水，落干后3~5天再灌一次，使土壤保持在水分饱和与浅水层之间。断水过早，叶片衰老速度增加，籽粒灌浆不充分，空秕率高、千粒重低，严重影响产量；断水过晚，影响水稻收割，尤其是机械收割的田块断水要早一些。

8. 成熟收获期

一般于收获前7~8天断水，如果是机械收割应于收获前10天左右断水。

二、施肥管理

1. 施肥安排

水稻移栽到本田后，施肥是重要的栽培措施。乳苗按照常规中苗栽培进行，可以结合机插同步侧深施肥。按品种需肥量和土壤肥力要求确定施肥量，一般50%左右的氮肥侧深施入，其余20%用作中后期分蘖肥、30%穗肥施用。磷肥和钾肥在土壤中的移动性比氮肥小，磷肥一次性侧深施，钾肥侧深施50%、追肥50%。

2. 后期无损监测追肥

水稻生产中氮素是水稻必需的营养元素之一。氮肥施用不当，不仅影响食味品质，而且生产成本提高，病虫害增多和环境污染，同时造成土壤耕性变差，加重对水稻产量及品质影响。水稻无损监测施氮技术主要根据品种特性、气候条件及土壤条件，通过稻叶测氮仪对水稻叶片进行无损监测与施肥诊断（图4-5），根据既定的产量及品质目标，精确计算穗肥的施用量，达到减肥、优质、高产。

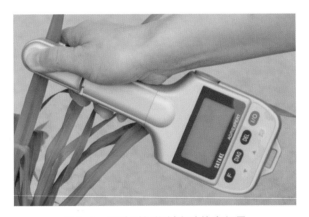

图4-5　稻叶测氮仪判定叶片含氮量

三、病虫管理

做好病虫害的防治，重点做好稻瘟病、纹枯病、白叶枯病、稻飞虱、二化螟等的防治，有暴发趋势时要立即进行施药处理。

1. 稻瘟病

危害特征：稻瘟病表现为在叶片上形成梭形黄褐色边缘，中间有灰色或白色斑点，病斑背面有灰色霉层。急性病斑表现为紫褐色斑点，病斑背面产生黑褐色霉斑（图4-6）。初期病斑为水渍状褐点，以后病斑逐步扩大，最终造成叶片枯死。品种抗性差，氮肥偏多，植株生长偏嫩。栽培密度大，田间通风透光差，虫害严重的田块易发病。长期连阴雨，日照不足，高温高湿该病易流行发生。

图4-6 稻瘟病

防治方法：

（1）选用抗稻瘟病品种，要经常更换新品种，并注意品种合理布局、搭配，提高群体的抗病能力，是防治稻瘟病的关键措施。及时处理田间病稻草，可将病稻草集中烧掉。

（2）要经常深入田间检查稻瘟病发生发展情况，一旦发现病株和发病中心，要立即用药防治，控制病害蔓延。

（3）一旦发生叶瘟，亩用75%三环唑可湿性粉剂25～30 g或40%富士一号乳油80～100 mL对水60 kg进行喷雾防治，喷药时应注意把药液喷在稻株下部病叶上。

2. 纹枯病

危害特征：叶鞘染病近水面处产生暗绿色水渍状小斑点，后渐扩大呈椭圆形，似云纹状，常多个融合成大斑纹。条件适宜时，病斑边缘暗绿色，中央灰绿色，扩展迅速（图4-7）。天气干燥时，边缘褐色，中央草黄色至灰白色，并引起植株倒伏或整株枯死。

图4-7 纹枯病

纹枯病是由立枯丝核菌侵染所引起的、发生在水稻上的病害。病菌主要以菌核在土壤中越冬，也能以菌丝和菌核在病稻草和其他寄主作物或杂草的残体上越冬。水稻收刈时落入田中的大量菌核是翌年或下季的主要初侵染源。漂浮在水面上的菌核黏附在稻株基部的叶鞘上，萌发菌丝侵入叶鞘组织，进行初侵染。发病后，病斑上形成的菌核随水漂浮，或靠菌丝蔓延进行再侵染。

防治方法：

（1）合理施肥，不可偏施氮肥，增施磷钾肥和有机肥，后期控制氮肥，贯彻"前浅、中晒、后湿润"的用水原则，避免长期深灌，适时适度搁田，增强植株抗病性。

（2）适当稀植可降低田间群体密度、提高植株间的通透性、降低田间湿度，从而达到有效减轻病害发生及防止倒伏的目的。

（3）一般早稻在分蘖末期丛发病率达10%，或拔节到孕穗期丛发病率达15%、抽穗期丛发病率达20%的田块，要及时喷药防治。纹枯病发病初期，每亩使用10%己唑醇40 mL、营养叶面肥粒粒宝30 mL，对水20~30 kg喷施，防治效果明显；水稻纹枯病发病中后期，每亩使用10%己唑醇55 mL、营养叶面肥粒粒宝30 mL，对水30~40 kg，于早晨露水未干时喷施水稻下部，可有效预防和控制水稻纹枯病的发生。

3. 白叶枯病

危害特征：初期在叶缘产生半透明的黄色小斑，以后沿叶缘一侧或两侧或沿中脉发展成波纹状的黄绿色或灰绿色病斑，病部与健部分界明显，数日后病斑转为灰白色，并向内卷曲，故称白叶枯病。由于病菌的繁殖给水稻叶片带来一定的影响，感染水稻白叶枯病，水稻叶片会出现绿色或者黄绿色的病斑，随着水稻白叶枯病病情的加重，这种病斑也会随着扩大，导致叶片枯黄和脱落（图4-8）。

图4-8　白叶枯病

白叶枯病有叶缘型和凋萎型。叶缘型常见于分蘖末期至孕穗期发生，病菌多从水孔侵入，病斑从叶尖或叶缘开始发生黄褐或暗绿色短条斑，沿叶脉上、下扩展，病、健交界处有时呈波纹状，以后叶片变为灰白色或黄色而枯死。籼稻病斑为黄褐色或灰白色。田间湿度大时，病部有淡黄色露珠状的菌脓，干后呈小粒状。凋萎型一般发生在秧苗移栽后1个月左右，病叶多在心叶下1～2叶处迅速失水、青卷、枯萎，似螟虫危害造成的枯心，其他叶片相继青萎。病株的主蘖和分蘖均可发病直至枯死，引起稻田大量死苗、缺丛。

防治方法：

（1）在白叶枯病发病流行区，要因地制宜地选育推广抗（耐）病品种，及时淘汰高感品种，加强品种轮换，避免单一品种的长期种植，导致品种抗性的退化和丧失，引发病害的流行。

（2）加强肥水管理。秧田不施未腐熟的农家肥，大田要施足基肥，及早追肥，巧施穗肥，不偏施氮肥，氮、磷、钾及微肥平衡施用。

（3）利用药物如20%碧生（噻唑锌）对种子进行浸种消毒。发病初期时可以使用叶枯宁可湿性粉或代森铵等药剂对水喷雾防治。老病区秧田期喷药是关键，一般三叶期及拔节前各施一次药。每亩可用20%叶枯宁可湿性粉剂125～150 g，或宁南霉素水剂250 mL，或20%噻菌铜悬浮剂100～125 mL，对水50～60 kg喷雾，一般5～7天施药一次，连续施2～3次。

4. 稻曲病

危害特征：在水稻抽穗扬花期流行，主要危害水稻谷粒。病菌在稻谷颖壳内生长，开始时受侵害谷粒颖壳稍张开，露出淡黄绿色块状物，以后逐渐膨大，最后将全部颖壳包裹起来，形成"稻曲"。稻曲比谷粒大3～4倍，形状近球形，表面平滑，颜色为黄色且有薄膜包被。随着稻曲球逐渐长大，薄膜开裂，颜色转为黄绿或墨绿色，表面龟裂。谷粒患病后会出现霉变，造成空瘪率增多，粒重降低，并严重污染稻谷，影响米质（图4-9）。

图4-9　稻曲病

稻曲病可由落入土内的菌核或附着种子上的厚垣孢子越冬，翌年菌核产生厚垣孢子，由其再形成小孢子和子囊孢子，都是主要的初次侵染菌源。稻曲病的侵染时期大多认为于水稻孕穗至开花期侵染为主，也有的认为厚垣孢子萌发后能直接侵染幼芽，菌丝在稻体内随着寄主的生长，而侵染发病。子囊孢子和小孢子均可侵染花器及幼颖。病菌早期侵入花器，只破坏子房，而将花柱、柱头、花蕊碎片等埋藏于胚乳，然后迅速生长，取代并包围整个谷粒。

防治方法：

（1）根据当地的气候特点确定适宜的播种期，使连续阴雨的天气与水稻抽穗扬花期错开；

（2）及时将田间的病原物清除，染病的稻田在收获后要对稻田进行处理，将水稻秸秆深翻入土壤，才能将菌核埋入土壤，并割除田间杂草和稻茬，集中销毁。

（3）水稻抽穗后，田间保持干干湿湿，既不能脱水过早，也不能长期淹水，可以大大提高水稻的抗病能力，有效降低稻曲病的发生程度。

（4）药剂浸种。播前将种子先放在阳光下晒一段时间，然后对其进行消毒处理，一般可用25%咪鲜胺乳油2 000～3 000倍液或70%甲基托布津700倍液浸种8～10 h，然后闷种12 h，最后用清水把种子表面的药剂冲洗干净后再催芽。

（5）在水稻破口期前用药是预防稻曲病发生的关键时期。水稻破口前10～15天，即水稻最上面叶片叶枕与紧挨下面叶片的叶枕一致时喷药预防效果最好，过早或过迟均影响防效。药剂可以亩用20～30 mL拿敌稳，或30～40 mL阿米妙收，也可选用戊唑醇等药剂。

5. 稻飞虱

危害特征：稻飞虱对水稻的危害，除直接刺吸汁液，使生长受阻，严重时稻丛成团枯萎，甚至全田死秆倒伏外，产卵也会刺伤植株，破坏输导组织，妨碍营养物质运输并传播病毒病（图4-10）。褐飞虱在广西和广东南部至福建龙溪以南地区，各虫态皆可越冬。暖冬年份，越冬的北限在北纬23°～26°，凡冬季再生稻和落谷苗能存活的地区皆可安全越冬。在长江以南各省每年发生4～11代，部分地区世代重叠。其田间盛发期均值水稻穗期。白背飞虱在广西至福建德化以南地区以卵在自生苗和游草上越冬，越冬北限在北纬26°左右。在中国每年发生3～8代，危害单季中稻、晚稻和双季早稻较重。灰飞虱在华北以若虫在杂草丛、稻桩或落叶下越冬，在浙江以若虫在麦田杂草上越冬，在福建南部各虫态皆可越冬。华北地区每年发生4～5代，长江中、下游5～6代，福建7～8代。

防治方法：

（1）及时清除田边杂草、合理轮作等均可减少田间虫口基数。

图4-10 稻飞虱

（2）可以利用频振式杀虫灯对稻飞虱进行诱杀。

（3）要选择高效率、低毒性以及低残留的农药，2～3龄若虫盛期进行喷药，所选择的农药可以是吡蚜酮、毒死蜱、噻虫嗪、敌敌畏等。同时，要科学合理地进行配药，遵循轮换用药的原则，杜绝有剧毒的农药以及对稻飞虱天敌有杀伤力的农药。

6. 稻纵卷叶螟

危害特征：稻纵卷叶螟的危害特点是啃食叶片的上表皮和叶肉，残留下表皮，受害处呈明显透明的白色条斑（图4-11）。适温多雨条件下，稻纵卷叶螟卵孵化率、幼虫成活率大幅提升。适宜条件下，稻纵卷叶螟发育较快，完成一个世代约1个月的时间。从卵孵化幼虫开始，约3天一个龄期，幼虫完成5龄期约半个月时间。6—9月雨日多，湿度大利于稻纵卷叶螟的发生，田间灌水过深，施氮肥偏晚或过多，引起水稻旺长，易遭受稻纵卷叶螟危害。

图4-11　稻纵卷叶螟危害的白色卷叶

防治方法：

（1）选用叶片厚硬、主脉坚实的抗虫高产品种。合理施肥，要施足基肥，控制氮肥使用量，促进水稻生长健壮、适期成熟，提高稻苗耐虫力或缩短危害期。

（2）成虫盛发期点灯诱蛾，采用黑光灯诱蛾效果更好。

（3）可利用赤眼蜂、蜘蛛、步甲、红瓢虫、隐翅虫等捕食性天敌来防治。如在稻纵卷叶螟产卵始盛期至高峰期，分期分批放赤眼蜂，每亩稻田每次放3万～4万头，隔3天放1次，连续放蜂3次。

（4）每亩5%阿维菌素200 mL，40%辛硫磷100～150 g对水30～50 kg喷雾。

7. 二化螟

危害特征：二化螟主要蛀食水稻茎部，在分蘖期受害，出现枯心苗和枯鞘；在孕穗期至抽穗期受害，出现枯孕穗和白穗（图4-12）；在灌浆期至乳熟期受害，出现半枯穗和虫伤株，秕粒增多，遇大风易倒折。二化螟以幼虫在稻草、稻桩及其他寄主植物根茎、茎秆中越冬。螟蛾有趋光性，喜欢在叶宽、秆粗及生长嫩绿的稻田里产卵，苗期时多产在叶片上，圆秆拔节后大多产在叶鞘上。初孵幼虫集中取食叶鞘；造成枯鞘，到2～3龄后蛀入茎秆，造成枯心、白穗和虫伤株。初孵幼虫，在苗期水稻上一般分散或几条幼虫集中取食；在大的稻株上，一般先集中取食叶鞘，数十条至百余条幼虫集中在一稻株叶鞘内，至3龄幼虫后开始转株危害稻株。

图4-12 二化螟危害的植株

防治方法：

（1）选育、种植耐水稻螟虫的品种，根据种群动态模型用药防治；

（2）灌水杀蛹减少虫源，在早春二化螟化蛹高峰期，灌深水（10 cm以上，要浸没稻桩）3～4天，能淹死大部分老熟幼虫和蛹。

（3）每亩用40%氯虫·噻虫嗪8～10 g，或20%三唑磷乳油120 mL，加水30～50 kg，均匀喷雾。用药时田间要有水层3～5 cm，药后保水5～7天以上，并要注意检查防效，以便及时补治。

第五章

常见问题及对策

1. 立针期顶土

症状：密苗种子出苗过程中，常有不少秧苗出现盖土被秧苗顶起现象，有些生长较慢的芽苗被顶起的基质土连根拔起，致使白根悬于空中；未被拔起的秧苗由于没有盖土覆盖，秧根也裸露在外（图5-1）。覆土部分遮住阳光也会影响苗的转绿进程、导致发育不良。

图5-1 秧苗立针期顶土

发生原因：密苗由于成苗根数多、轻的基质土容易被顶起。盖土板结、过干过细、厚度不均匀或者播种时底土浇水过多等原因造成。

防治措施：密苗播种采用比重较大的育秧基质，盖土覆盖均匀厚度适宜。对已经出现顶土的秧苗，可以用细树枝轻拍盖土，使顶起的基质土被振碎后掉落下去，或在秧苗转绿初期用水将被顶起的覆土淋落，再适当增撒一些细土，将秧根全部覆盖住，再喷洒一些水将黏附在叶片上的土冲洗下去。

2. 秧苗下部叶片腐烂

症状：秧苗2叶期以后，底部第一片叶片、叶鞘全部枯黄，整个秧苗基部浅黄色，湿度大时会腐烂（图5-2）。发生烂秧的秧盘，稻苗通常比较纤细。秧盘中间部位比较严重，周边不会发生烂秧现象。

图5-2　秧苗下部腐烂

发生原因：这种情况属于生理性烂秧，密播每盘播种量比较大，种子之间相互争水分和养分，导致种子或秧苗不能很好地充分吸收所需的水肥。此外，苗量多，通风量不够，温度、湿度大时更严重。同时，营养土或基质中多磷症会加重烂秧病危害程度。

防治措施：

（1）采用80%乙蒜素1 500倍，15%三唑酮可湿性粉2 000倍液复合浸种48～72 h。

（2）在秧苗2叶1心时选用25%丙环唑乳油30～40 mL/亩，加安泰生和磷酸二氢钾叶面喷施，对水50 kg/亩喷洒苗床，能防控多种引发烂秧的病害。

（3）秧苗进入3叶1心以后，由异养转为自养，此时应施好断奶肥，亩秧田施用2.5 kg尿素。

（4）施肥时严禁在不放水的情况下直接施肥，施肥时秧田放水高于秧板3.3 cm左右，施肥后让肥水自然落干，转入干湿管理；另一种方法是在施药时每25 kg水用尿素50 g左右，与防治病虫一同叶面喷雾，此法则无须灌水。

3. 机插秧苗起秧困难

症状：秧苗根系大量下扎到苗床或秧板，起秧困难，严重导致盘根不良，无法正常从秧盘取出，为保障正常机械移栽，将盘底根系切断，产生严重植伤（图5-3）。

发生原因：

育秧时常规秧盘底孔太多或孔径太大，根系生长较快，加之播种量过大，秧苗恶性竞争生长，根系全部穿过透水孔向下层土壤延伸，常扎根入秧板的土层，会出现起秧盘困难，或拿起秧盘盘底带起过多泥土，而给机插带来不便。

防治措施：根据不同育秧方式选择合适的秧盘，密苗机插育秧的秧盘底孔数量要少，孔径可相对小一些。另外，做好育秧期间的水分管理工作，根据机插日期，一般在插秧前3天，灌水至秧板后再排干，以保持床土湿润。此时应做好秧苗的断根工作，即在插秧前1~2天，先用手工预起秧盘，后重新放回原位，这样根系会因缺水往盘内收缩，在隔天

图5-3　秧苗根系穿盘

正式起秧时就不会出现盘底带泥的现象。

4. 出苗不整齐

症状：主要发生在土壤或基质钵盘旱育秧时期，在种子播后，出苗不整齐（图5-4）。

发生原因：种子的发芽率低或者播种前基质底水浇不透或者浸种时间不足，播种时种子没有充分吸足水分，造成出苗迟滞，出苗不全、不齐等现象发生。

图5-4　秧苗出苗不齐

防治措施：

（1）选择高质量的水稻种子，播种前测定其发芽率，种子发芽率在85%以上，才能播种。如果发芽率低于85%，要适当加大播种量。

（2）提高苗床整地质量，要整平、压实，防止底部悬空。

（3）浇底水的一个重要原则是底水要足，可几次按顺序依次匀速浇水。底水浇透的一个直观的判断标准就是，浇水时轻轻地浇下去，当育苗盘或者是营养钵的漏水孔有少量水渗出时，就说明已经浇透。

（4）在秧盘种子播种完成后采用叠盘方式育秧，促进种子出苗整齐，在出苗摆开后要及时充足浇水。

5. 秧苗过度矮化

症状：秧苗过度矮化、生长停滞，不平整的田块插秧容易没顶死苗（图5-5）。

图5-5　秧苗过度矮化

发生原因：主要是多效唑等植物生长调节剂用量过大，造成水稻秧苗生长受到抑制。

防治措施：

（1）植物生长调节剂用量要适宜。不同品种，不同季节，多效唑的用量不尽相同，使用时剂量不可过大或过小。

（2）植物生长调节剂使用要适时。育秧季节不同，使用多效唑的适期也不同。使用多效唑在秧苗1叶1心期合理喷施，防治水稻徒长苗的效果比较好，晚稻秧田每亩用量为15%多效唑可湿性粉剂200 g，兑水100 kg；单季稻秧田每亩用量为15%多效唑可湿性粉剂150 g，兑水75 kg。

（3）植物生长调节剂用量过高秧苗抑制过度时，可增施纯氮每盘1 g左右进行缓解，如施用尿素、硫酸铵等；或喷施100 mg/kg赤霉素（920）溶液缓解。

6. 秧苗叶片发黄老化

症状：水稻秧苗老化，下部叶片黄化，变成衰老苗（图5-6）。

图5-6 秧苗叶片发黄

发生原因：插秧过晚导致稻苗衰老，盘育秧其空间有限，种子量多，而基质养分不足，下部叶片开始变黄，甚至霉烂，变成衰老苗，插秧后缓苗时间延长，达5～7天，严重影响水稻的产量。

防治措施：

（1）加强苗床管理，育成壮苗，提高幼苗的抗衰老能力；播种至出苗期宜保持膜内温度在25～30℃，湿度控制在80%以上，温度过高（超过35℃）应揭膜降温，若遇大雨应及时排水，避免苗床积水。

（2）适时插秧，缩短秧苗衰老的时间。密苗机插秧苗最佳秧期15～20天，要及时移栽，不超秧龄。

（3）如果不能及时插秧，要补充肥料，每盘补肥1～2 g尿素，可以将肥料溶解在水中，每盘用水量500 mL以上，以防止烧苗。

7. 倒秧或漂秧

症状：插秧时发生倒秧现象，秧苗成行倒下或秧苗漂浮移位（图5-7）。

图5-7　秧苗漂秧或倒秧

发生原因：整地质量差导致倒秧现象产生，田块泥浆沉实时间较短，影响机插立苗，从而出现漂秧和倒秧。此外，秸秆还田质量差，田间秸秆多，秸秆因风、水流或自身浮力移动而将已经插好的秧苗成片带倒或带起。

防治措施：

（1）密苗机插秧苗小，高度10～15 cm，整地要求提早2～3天整地，待田面平整，且稻田泥浆沉实后机插。

（2）对于耕层较深的田块，水田耕整地一般要旋耕深度10～15 cm或翻耕深度15～20 cm，不重不漏，高低差要高不露墩，低不淹苗，表土细软度适中，田块整平无明显残茬外露。

（3）提高秸秆还田质量。全喂入收割机收获时将秸秆均匀抛洒覆盖地表，秸秆不积堆，秸秆长度8～10 cm；半喂入收割机收获时将秸秆切碎后均匀抛洒地表，秸秆长度5～10 cm。整地时用80～120马力（1马力≈0.735 kW）拖拉机，配套加强型翻转犁进行翻地作业，深度要达到18～22 cm，不重不漏，地表10 m内高低差不超过10 cm，地表残茬不超过5%。放水泡田，水深没过耕层3～5 cm，泡田时间要达到5～7天。埋茬搅浆平地时，必须配套带有滑切刀齿、耕作幅宽与拖拉机马力相匹配的水田埋茬搅浆平地机，平地作业2次，深浅水一致，整地深度12～15 cm，作业时水深控制在1～3 cm为宜，作业结束后表面不外露残茬，沉淀5～7天，达到待插状态。

第六章

研究前景与展望

一、密播乳苗机插技术的推广前景

随着经济社会的发展及稻作技术转型升级，以水稻机插秧为主的水稻机械化种植技术在我国已经推广开来。机插秧技术相对于传统手工插秧大幅度提高了水稻生产效率，减轻了劳动强度。目前水稻机插育秧，根据水稻品种类型、种植区域、种植季节不同，水稻机插育秧播量为70～150 g/盘。采用以上播量，水稻机插一亩地需要秧盘20个以上。亩用秧盘多，导致秧盘堆放需要空间大，所需育秧基质增加，机插运秧、加秧需要的人工也会增多，出现机插成本高、效率较低等问题，制约了机插秧面积进一步扩大。水稻密播乳苗机插技术通过适当提高单盘播种量，大幅度降低每亩机插所用秧盘数量，每亩机插秧盘从20～30个下降至8～12个，减少了育秧场地面积、减少单位面积机插加秧次数，大幅度提高机插效率。

密播乳苗育秧机插技术在日本应用相对成熟，国内通过引进与改良，目前在云南、浙江、江苏、黑龙江等地有应用，尤其是在云南已被列为农业种植主推技术。该技术与常规机插相比产量略增或平产，但操作到位的话，应用该技术可以大量减少用工、大幅降低每亩使用的秧盘、床土等材料及相应的成本，对集中育秧、规模化水稻种植大户有非常大的吸引力，在机插秧中的推广前景广阔。

二、密播乳苗机插技术推广需要解决的问题

1. 配套播种机械方面

由于密播乳苗育秧机插技术采用高密度播种方式，如标准9寸秧盘的每盘播种量高达200 g以上，已经达到了目前常用的育苗播种流水线的播种量上限。播种量调节是通过调节播种滚筒的转速实现的，要达到最高播种量，就需要将播种滚筒的速度调到最大，容易造成种子来不及冲入种槽，从而造成播种量达不到要求，播种均匀度降低，从而造成插秧时漏秧率增加。采用密播乳苗机插技术的种植大户，可与相关水稻播种流水线生产企业沟通，直接从播种流水线设计出发，通过增大播种滚筒的冲种区域，或采用双播种滚筒方式在不降低播种速度的前提下实现密播效果。

2. 插秧机方面

如种植户已有常规乘坐式高速插秧机，为减少种植机械投入，针对密播乳苗插秧，取秧量小、取秧次数多的特点，可以对常规高速插秧机进行适当改造来实现密播乳苗机插。常规高速插秧机横向取样次数最大为26回，可以通过插秧机厂家改装，增加到30回，纵向取秧量一般调节范围在5～10 mm。插秧时按照每穴基本苗需求，通过调整横向取秧次数和纵向取秧量来调节秧块大小，达到适宜的基本苗数；如要提高密播乳苗栽插质量，必须对常规插秧机的取苗口、秧针大小等进行改造或者采用密苗插秧机插秧。密播乳苗机插秧块较小，同时苗高较矮，插秧前应先检查调试机械，插秧深

度宜调整为"浅"挡，保证秧苗不浮起即可，若插秧过深将影响分蘖。

3. 技术规范方面

密播乳苗秧苗小，生长相对细长瘦弱，播得密，秧龄弹性小，小苗移栽田地平整度等都会影响栽后秧苗生长发育情况及水稻产量。从播种、育苗、大田准备、机插、大田管理等方面形成一整套成熟的密播乳苗机插技术规范，有利于密播乳苗机插技术的推广应用。

附　　录

表1-1　东北水稻密苗机插栽培模式操作规程

日期	3月下旬	4月上旬	4月上旬	4月上旬至5月上旬	4月上旬至5月上旬	5月中下旬至9月上旬	9月中下旬至10月
农事操作	品种选择及种子处理	流水线播种	育秧管理	耕整地作业	机插作业	田间管理	收获
图片							
技术要点	选用适合本地区种植的优质、高产、抗倒、抗病性强的优良品种。消毒选用25%氰烯菌酯2 000倍液或者25%咪鲜胺1 500倍液加2 000倍液浸种5~7天，芽长1.5~2.0 mm，晾干至水含量30%~35%。	选择适合密苗的钵体毯可叠秧盘和比重较大的育秧基质，提高秧块根区比量，保证止漂秧。对苗盘秧土不少于18 mm。对苗盘床土充分浇水，每盘的浇水量为800~1 000 mL。根据品种不同进行播种，一般每盘播种量为200~280 g。	采用叠盘发芽，出苗后将秧盘摆放到大田苗床，搭建拱棚覆盖遮阳网或大无纺布，防止暴雨雨击苗害。中晚稻育秧时间要严格控制，尤其是气温比较高，容易发生烂苗等问题。密苗适宜移栽叶龄2.0~3.0叶，苗高10~15 cm，苗秧龄15~18天。	机插前大田质量要求做到"平整、洁净、细碎、沉实"。耕整深度均匀一致，地表高低落差不大于3 cm；田面洁净、无残茬、无杂草，无浮渣等物，无杂草上糊；土层下碎上烂下实；粑后泥土沉实1~2天，泥浆沉淀水分清，沉到泥浆水板结，保实而板结，持浆沉水插。	移栽前调试插秧机，密苗机插前需要取秧的块面积小，一般普通高速插秧机需要经过改造才能适应密苗机插，插种秧秧横向取秧数设置26/30回，纵向调节范围在5~10 mm。按照每穴基本苗量要求调节纵向取秧植密度。选择适宜插种密度，地力差的区域株距14 cm或16 cm，地力好的区域18 cm。	密苗机插前期需要采用浅灌溉模式，返青期要浅水活苗，一般保持1~3 cm浅水；全田圣满数达到预定圣穗数80%左右时，及时排水后浅水层搁田；拔节后浅水层间歇灌溉管理。合理选择适宜的基肥和分蘖肥施用，机械化施肥模式，宜采用基蘖肥侧深施。做好杂草和病虫害防治，对症下药，控制病虫害发生。	机械收割，谷粒黄熟达90%时，选晴好天气使用损耗低（损失率<3%）。清选效果好的水稻联合收割机及时收割。可采用秸秆打捆机，收集秸秆，进行炭化或腐熟等，秸秆资源化利用。

表1-2　长江中下游单季水稻密苗机插栽培模式操作规程

农事操作	品种选择及种子处理	流水线密播种	育秧管理	耕整地作业	机插作业	田间管理	收获
日期	5月上旬至中旬	5月上旬至中旬		5月下旬至6月上旬	5月下旬至6月上旬	6月中下旬至9月中旬	9月下旬至11月
图片							
技术要点	选用适合本地区种植的优质、高产、抗倒、抗病性强的优良品种。消毒推荐水稻用80%乙蒜素2500倍液或者25%咪鲜胺2000倍液浸种24～36 h，便于机浸种一般用型水稻种48～60 h。种子晾干至水分含量30%～35%，进行种衣剂包衣处理。	选择适合密苗机插的秧盘可比重较大的育秧基质，提高秧块根系比重，防止漂秧。要保证盘底土不少于20 mm。对混或置底土，每盘浇水，浇水量为800～1000 mL。确定播种量，根据品种不同进行机参数设定。一般每盘播种量为100～150 g。	采用叠盘发芽。出苗后将秧芽盘放到大田苗床，搭建拱棚盖遮阳网或无纺布防暴雨和雀害。育秧时间需严格控制，尤其是中晚稻育秧，稻气温比较高，容易发生烂秧等问题。密苗适宜移栽叶龄2.0～3.0叶，苗高10～15 cm，叶龄12～15天。	机插前大田质量要求做到"平整、洁净、细碎、沉实"。耕整深度均匀一致，田块平整，地表高低落差不大于3 cm；田面洁净、无稻茬、杂草茬、无残茬，无浮渣等物，土层下软上糊，上栏下实；耙后沉实1～2天，泥浆沉淀达到泥土沉实1～2天，泥浆水分清，实现不板结，保持薄水机插。	移栽前调试插秧机。密苗机插前要取秧的秧块面积小，一般普通高速插秧机需要经过改造才能适应密苗取秧机，插秧机械向取秧水数设置26/30回，插秧数达到80%左右时，及时排水搁田；按节位调节范围在5～10调节，水层由前浅照每穴基本苗要求量宜纵向取秧和插调节纵向取秧量根据水稻品种适宜种植密度，地力差的区域株距18 cm，地力好的区域种株距20 cm。	密苗机插前期需要采用浅湿干灌溉模式，返青期一般保持1～3 cm浅水；全田茎蘖数达到预期苗穗数80%左右时，及时排水晒田搁田；按节位灌溉管水层后期浅宜合理施用基肥和分蘖肥，宜机械化施肥式，宜采用条深施肥侧条施肥18 cm，做好杂草和病虫害防治，对症下药，控制病虫害发生。	机械收割，谷粒黄熟达90%时，选晴好天气使用损耗低（损失率<3%），清选效果好的水稻联合收割机及时收割。可采用稻秆打捆机收集稻秆，进行灰化或腐熟化利用。

表1-3　长江中下游早稻密苗机插栽培模式操作规程

日期	3月中旬	3月下旬至4月上旬		4月中下旬至5月上旬		5月中下旬至7月上旬	7月中下旬
农事操作	品种选择及种子处理	流水线播种	育秧管理	耕整地作业	机插作业	田间管理	收获
图片							
技术要点	选用适合本地区种植的优质、高产、抗倒、抗病性强的优良品种。根据区域推荐选用80%乙蒜素2 000倍液加25%氰烯酯2 000倍液混合液消毒，稻种浸种水稻一般浸种24~36 h。种子晾干至水分含量30%~35%，进行种子包衣处理。	选择适合密苗育秧可叠盘的钵体毯状秧盘和比重较高、提高育秧基质。秧块根区比重。要保证秧块底土不少于20 mm。对苗盘浇水，每盘浇水量为800~1 000 mL，确定播种量。根据品种和不同进行播种和机参数设定。一般每盘播种量为150~200 g。	采用叠盘育秧芽。出苗后将秧盘摆放到大田苗床，搭建拱棚盖遮阴网或无纺布防止暴雨和鸟害。育秧时间需要严格控制，尤其是早秧时的气温控制。晚稻育秧时气温比较高，容易发生烂秧等问题。密苗适宜移栽秧龄2.0~3.0叶，苗高10~15 cm，秧龄15~18天。	机插前大田质量要求做到"平整、洁净、细碎、沉实"。耕整地深度均匀一致，田块平整，地表高低落差不大于3 cm；田面洁净、无残茬、无杂草、无浮渣等；土壤上糊下实，耙后泥土沉实1~2天，秧沉实达到泥水分离、保持薄水机插。	移栽前调试插秧机，密苗机插需要取秧块的面积小，一般插秧通常经过改造才能适应密苗机插，插秧机横向取秧次数设置26/30回，纵向调节范围按5~10 mm，按照穴数基本苗要求调节纵向取秧量。根据水稻品种和栽植季节选择适宜株距14 cm或16 cm，地力好的区域株距16 cm，地力差的区域株距18 cm。	密苗机插前期需采用浅湿干灌溉模式，返青期一般保持水1~3 cm浅水；全田茎蘖数达到预期穗数80%左右时，及时排水搁田；拔节至后续水层同歇灌溉管理。合理选择适宜的基肥和分蘖肥机械化施肥模式，宜采用基蘖肥侧条深施。做好杂草和病虫害防治，对症下药，控制病虫害发生。	机械收割，谷粒黄熟达90%时，选晴好天气使用收割耗低（损失率<3%），清选效果好的水稻机及联合收割机打捆机时收割；可采用秸秆打捆、进行炭化或腐熟等，秸秆资源化利用。